EXTRAIT DES ANNALES DES SCIENCES NATURELLES, 4ᵉ SÉRIE,
TOME IX, CAHIER Nº 5.

OBSERVATIONS

CONCERNANT

QUELQUES PLANTES HYBRIDES

QUI ONT ÉTÉ CULTIVÉES AU MUSÉUM,

Par M. Ch. NAUDIN.

Au nombre des expériences qui sont en cours d'exécution au Muséum d'histoire naturelle, il en est quelques-unes qui, bien qu'encore inachevées, me paraissent de nature à intéresser ceux des botanistes qui s'occupent de la question de l'hybridité ; elles ont pour objet de constater ce que devient la descendance des plantes hybrides fertiles lorsqu'elle-même conserve sa fertilité. Les résultats déjà obtenus me semblent autant de nouveaux arguments en faveur de l'opinion qui veut que le caractère mixte de la postérité fertile des hybrides végétaux disparaisse pour faire place au type pur et simple de l'une ou de l'autre des deux espèces productrices de l'hybride. Je crois qu'il est d'autant plus à propos de rappeler ce principe, qu'il a été naguère mis en doute par un expérimentateur très habile et très compétent dans cette matière. Je lis effectivement dans une note de M. Godron sur l'*Ægilops triticoides*, insérée dans les *Comptes rendus de l'Académie des sciences* (numéro du 19 juillet 1858), que les hybrides fertiles « ne le sont ordinairement que dans le cas où ils sont fécondés de nouveau par l'un des deux types spécifiques, » et que, comme conséquence, « il lui paraît bien douteux que la loi qui veut que les hybrides fertiles reviennent aux types originaires, après un certain nombre de générations, soit solidement établie. » Je crois pouvoir répondre à ce doute que les preuves qui militent en faveur de la loi sont déjà nombreuses et bien constatées, et, sans rien préjuger de

ce qui pourra advenir des hybrides d'*Ægilops* aujourd'hui à l'étude,
j'en citerai quelques-unes tirées de mes propres observations.

J'ai déjà signalé en 1856 (*Comptes rendus*, 1ᵉ semestre, p. 625)
la remarquable décomposition d'un hybride fertile de *Primula*,
dont la parenté, seulement soupçonnée, a été rendue manifeste
par cette décomposition même. La plante hybride avait été appor-
tée vivante au Muséum, en 1853, par M. Weddell ; elle donna
quelques graines qui, semées dans l'automne de la même année,
produisirent sept plantes, encore existantes aujourd'hui. Ces sept
plantes fleurirent au printemps de l'année 1855 ; mais, quoique
issues de la même mère, elles furent loin de se ressembler. Une
seule avait conservé l'aspect et le coloris de l'hybride, et toutes les
fleurs en furent stériles ; des six autres, trois prirent les caractères
du *Primula officinalis*, et les trois autres ceux du *P. grandiflora* (2)
var. *purpurea* (1). Ces six plantes ont toutes fructifié. Comme
l'hybride mère était cultivé en pot et tenu fort loin des autres Primevères du jardin, d'ailleurs peu nombreuses, il est extrêmement
peu probable qu'il ait reçu du pollen des deux espèces auxquelles sa
postérité faisait retour. D'un autre côté, si le fait avait eu lieu, il aurait dû, à plus forte raison, se reproduire sur l'hybride de deuxième
génération, tout semblable au premier, et qui n'était qu'à quelques
centimètres des six Primevères nées du même semis, toutes six
très florifères et très fécondes ; or c'est ce qui n'est pas arrivé,
puisqu'il est resté stérile. Nous aurons plus loin d'autres preuves
que les transports de pollens d'une plante à une autre, ou d'une
fleur à une autre fleur de la même plante, sont, dans certains genres,
beaucoup moins fréquents qu'on ne serait tenté de le supposer.

(1) C'est avec beaucoup de doute que je rapporte au *Primula grandiflora* la
Primevère à fleurs pourpres dont il est question ici. Quoiqu'elle soit fort commune dans les jardins, dont elle est le plus bel ornement au mois d'avril, j'ai
vainement cherché dans les flores et les monographies du genre *Primula* une
description qui lui convînt exactement. Elle me paraît trop différente du *P. ela-
tior* pour pouvoir en être rapprochée à titre de variété. Bien qu'encore assez
éloignée du *P. grandiflora* ou *acaulis* de nos environs, c'est pourtant cette dernière espèce que je crois avoir avec elle le plus d'analogie. De là le nom sous lequel je la désigne ici.

La même année (1855), j'observais cent vingt sujets hybrides de *Datura*, savoir : quatre-vingt-seize provenant du *Datura Tatula* fécondé par le *D. Stramonium*, et vingt-quatre issus du *D. Stramonium* fécondé par le *D. Tatula*. Ces cent vingt plantes, cultivées en deux lots contigus sur la même plate-bande, étaient parfaitement semblables entre elles et sensiblement intermédiaires entre les deux espèces, quoique peut-être un peu plus voisines du *Tatula* que du *Stramonium*. Leur hybridité se trahissait, en outre, par un caractère qui a souvent été remarqué : le développement exagéré des organes de la végétation ; leur taille, en effet, variait entre 2 mètres et 2^m,30, et plusieurs de leurs feuilles avaient au moins, en surface, le double de celles des deux espèces originaires. Une autre particularité également frappante fut la difficulté qu'elles eurent à produire des fleurs et des fruits, qui n'apparurent que tardivement et dans les dernières bifurcations des rameaux. Or on sait que, dans les deux espèces de *Datura* dont il est question ici, les fleurs s'ouvrent et produisent des fruits dans toutes les dichotomies, y compris la première.

Tous ces hybrides cependant furent fertiles ; une vingtaine de pieds, issus de leurs graines en 1856, rentrèrent tous et complétement dans le type du *D. Tatula*, dont ils reprirent la taille (environ 1 mètre), les fleurs violacées et la fructification précoce. Voilà donc encore des enfants d'hybrides qui retournent, dès la deuxième génération, à l'une des deux espèces parentes. Et remarquons qu'ici on ne peut pas recourir à la supposition d'un nouveau croisement par le pollen du *D. Tatula*, car la planche où étaient les hybrides, en 1855, contenait un bon nombre de *D. Stramonium*, dont le pollen aurait dû intervenir dans la fécondation de leurs fleurs, ce qui visiblement n'a pas eu lieu. D'ailleurs de nombreuses expériences, faites tout exprès pour m'éclairer à ce sujet, m'ont donné la certitude que, dans les *Datura Stramonium* et *Tatula*, le pollen ne passe que très rarement d'une fleur à une autre, et que les fleurs castrées dans le bouton, avant la déhiscence des anthères, restent à peu près toujours stériles, malgré la présence d'un grand nombre de fleurs bien pourvues de pollen, soit sur le même pied, soit sur des pieds voisins. Ce résultat, que j'attribue au peu d'empressement des insectes à visiter les fleurs vireuses de ces plantes, ne permet pas, quelle qu'en soit la cause, d'expliquer la fécondation des hybrides dont il s'agit, autrement que par le pollen de leurs propres fleurs.

Un fait à noter en passant, c'est la prépondérance absolue de l'une des deux espèces, le *D. Tatula*, dans la transformation de ces hybrides. Nous le voyons effectivement reparaître seul dans leur descendance immédiate, et, qu'il ait joué le rôle de père ou de mère, y effacer jusqu'aux dernières traces du *D. Stramonium* ; mais un exemple bien plus frappant de cette prédominance d'une espèce sur l'autre nous sera fourni par l'observation suivante, également consignée dans les *Comptes rendus* (*ibid.*, p. 1003), et que je vais rappeler ici en l'abrégeant.

Du 2 au 8 septembre 1854, dix fleurs de *Datura Stramonium*, choisies sur deux pieds différents et très éloignés l'un de l'autre, furent castrées dans le bouton avant toute déhiscence des anthères. Lorsqu'elles furent ouvertes, leurs stigmates parfaitement vierges, comme il était facile de s'en assurer à l'aide d'une loupe, reçurent une grande quantité de pollen de *D. ceratocaula*, espèce à tige traînante, ordinairement simple, et probablement celle de tout le genre qui a le moins d'affinité avec le *D. Stramonium*. Tous les ovaires nouèrent et s'accrurent, mais beaucoup plus lentement que ceux qui avaient été fécondés par le pollen de l'espèce. Les dix capsules furent récoltées mûres du 30 octobre au 10 du mois suivant.

Aucun de ces fruits n'avait atteint le volume normal ; leur grosseur variait de la taille d'une noisette à celle d'une noix. A en juger à la simple vue, les plus développés atteignaient à peine à la moitié du volume des fruits normalement fécondés. Contrairement à ce qui se passe chez ces derniers, leurs pédoncules avaient jauni, et leurs valves s'entre-bâillaient à peine ; toutefois les graines avaient pris la teinte brune qui annonce la maturité.

Dans ces dix capsules, le développement des graines avait été très inégal. Une bonne moitié des ovules n'avaient pas pris d'accroissement et se réduisaient à des vésicules aplaties et ridées ; les autres, en nombre variable, suivant que les fruits étaient plus ou moins gros, étaient arrivés à l'état de graines, bien conformées extérieurement, mais de moitié ou des deux tiers plus petites que les graines ordinaires de l'espèce, et ne contenant aucun embryon dans la masse périspermique qui les remplissait. Çà et là pourtant, sur des boursouflures du placenta, s'en montraient quelques-unes, de deux à dix par capsule, qui paraissaient arrivées à leur complet développement. L'analyse de deux ou trois de ces graines nous fit reconnaître, à M. Decaisne et à moi, qu'effectivement elles étaient embryonnées. Les dix capsules m'en fournirent en tout une soixantaine, qui furent semées le 16 avril 1855.

De toutes ces graines, il n'y en eut que trois qui germèrent. Une des jeunes plantes, qui fut oubliée dans un pot trop étroit, resta toujours chétive et ne put pas arriver à fleurir. Les deux autres furent mises en pleine terre, à côté de plusieurs pieds de *D. Stramonium* de race pure qui devaient servir de terme de comparaison. Les conditions de la culture ont été absolument les mêmes pour toutes ces plantes.

Les deux individus hybrides se développèrent avec vigueur. Par leur tige robuste, dressée et divisée dichotomiquement, par leur feuillage, et plus tard par leurs fleurs et leurs fruits, ils ne différèrent en rien des *D. Stramonium* qui étaient à côté d'eux, et rien d'appréciable dans la forme de leurs organes n'y trahissait la part que le *D. ceratocaula* avait prise à leur production. Mais à défaut du caractère essentiel des hybrides, celui de présenter simultanément les traits du père et de la mère, ils étaient doués à un haut degré de ces caractères accessoires que j'ai signalés tout à l'heure dans les hybrides des *D. Stramonium* et *Tatula*, savoir : une taille bien au-dessus de l'ordinaire, et la difficulté de produire des fleurs. Ils s'élevèrent à $1^m,70$, c'est-à-dire au moins à un tiers de plus que les individus voisins de *D. Stramonium*, et ils ne commencèrent à fleurir qu'à partir des dichotomies des 5e et 6e degrés. Beaucoup de fleurs d'ailleurs avortèrent encore dans celles des degrés supérieurs ; mais celles qui s'ouvrirent produisirent des fruits de grandeur normale et des graines parfaitement conformées qui furent semées en 1856 et 1858. Plus de cent pieds issus de ces deux semis reprirent entièrement les allures du

D. Stramonium ordinaire, c'est-à-dire une taille plus basse, et la fertilité des fleurs dans toutes les dichotomies.

On objectera peut-être que cette observation repose sur une erreur, et que les dix fleurs que j'avais crues fécondées en 1854 par le pollen du *D. ceratocaula*, l'avaient été par celui de l'espèce elle-même. Je répondrai que, préalablement à l'expérience, je m'étais assuré du degré de chances qu'ont les fleurs castrées, mais non séquestrées, de *Datura*, de recevoir du pollen de leur espèce par l'intermédiaire des insectes, du vent ou de toute autre cause qu'on voudra supposer. Ainsi, du 20 août au 14 septembre de la même année (1854), douze fleurs de *D. Stramonium* castrées dans le bouton, et nullement abritées contre les incursions des insectes, tombèrent toutes, par désarticulation de leur pédoncule, dans les six à huit jours qui suivirent ; il en fut de même de huit autres fleurs qui reçurent du pollen de *Nicandra physalodes*, d'*Hyoscyamus niger* et de *Datura fastuosa*. Cependant de nombreuses fleurs s'épanouissaient tous les jours sur les pieds qui portaient les fleurs castrées ou sur des pieds très voisins ; mais ces dernières n'en éprouvèrent aucune modification, ce qui doit faire conclure qu'elles n'en recevaient point de pollen.

Le *D. Tatula* a été soumis à la même épreuve. Onze fleurs castrées le 20 août, et abandonnées sans fécondation, se détachent dans les huit jours qui suivent, sans que leur ovaire ait pris le moindre accroissement. Six autres fleurs castrées de même, et laissées comme elles à toutes les chances de fécondation par le pollen de l'espèce, tombent dans le même laps de temps, après avoir reçu du pollen de *D. fastuosa*, de *Nicotiana Tabacum* et de *Nicotiana noctiflora*.

Je n'exagérerai pas en disant que, dans les années consécutives, y compris l'année 1858, j'ai castré, sans les féconder, au moins une centaine de fleurs de *Datura*, surtout de *D. Stramonium*, et je ne crois pas en avoir vu une seule nouer son ovaire et former un fruit. Le fait contraire n'est sans doute pas hors de l'ordre des choses possibles, mais il faut convenir qu'il est assez rare. Si l'on se rappelle maintenant que les dix fleurs castrées dont les stigmates ont été couverts de pollen du *D. ceratocaula* ont toutes noué leurs fruits, que ces fruits sont restés chétifs, que leurs graines étaient presque toutes avortées ou à demi-développées et sans embryon, et enfin que les deux plantes qu'on en a obtenues se distinguaient des *D. Stramonium* types précisément par les anomalies de végétation qui se faisaient remarquer sur les cent vingt hybrides de *Stramonium* et de *Tatula* mentionnés plus haut, on devra conclure que ces deux plantes, quoique toutes semblables au *D. Stramonium*, devaient bien réellement leur naissance à la fécondation du pied mère par le *D. ceratocaula*. Mais ce dernier, soit par suite de son peu d'analogie botanique avec le *D. Stramonium*, soit pour d'autres raisons, n'a laissé aucune empreinte sur sa postérité hybride, qui nous a montré, dès la première génération, ce phénomène d'élimination totale d'une espèce par une autre, phénomène qu'on n'observe ordinairement que dans les générations suivantes. C'est, si je ne me trompe, un fait tout semblable à celui qui a été récemment annoncé par M. Guérin-Méneville, à propos de *Bombyx* hybrides obtenus du double croisement du ver du Ricin avec celui de l'Ailante, et qui sont tellement semblables à ce dernier, que c'est à peine si l'on peut les en distinguer. Il y aurait donc quelquefois, dans les croisements, des espèces plus énergiques que d'autres, c'est-à-dire imprimant plus fortement que l'espèce conjointe leurs traits sur les hybrides. Je croirais même volontiers que le fait est assez fréquent, et qu'en général la prédominance d'un des deux types spécifiques dans des hybrides fertiles de première ou de deuxième génération, lorsque toutefois il n'y a pas eu de nouveaux croisements avec l'un des deux parents, est bien plus attribuable à la supériorité de l'une des deux espèces sur l'autre qu'au rôle même de père ou de mère qu'elles ont rempli dans la procréation de l'hybride.

Une nombreuse série d'expériences exécutées, en 1854, 1855 et 1856, sur les deux espèces de *Petunia* (*P. violacea* et *P. nyctaginiflora*) qui sont si communément cultivées dans nos parterres, va nous fournir de nouveaux exemples de la décomposition des hybrides fertiles et de la prédominance d'un des deux types spécifiques sur l'autre. Pour rendre les faits plus sensibles à l'esprit, je rappellerai sommairement les caractères distinctifs les plus saillants de ces deux espèces qui se croisent l'une par l'autre avec la plus grande facilité, et qui ont en définitive beaucoup d'analogie. Ce ne sont cependant pas deux variétés d'une même espèce, car, lorsqu'elles sont parfaitement isolées, leurs graines les reproduisent avec une invariable fidélité, et, ce qui est décisif, leurs hybrides n'ont aucune constance, ainsi que nous allons le voir, et retournent très promptement à chacune de ces deux formes.

Dans le *Petunia violacea* pur, la corolle est sensiblement campanulée par l'évasement de son tube un peu courbé ; sa couleur est le pourpre violet le plus vif, et le pollen y est d'un bleu violacé. Dans le *P. nyctaginiflora*, au contraire, la corolle, d'un tiers plus grande que celle du précédent, est presque hypocratériforme ; le tube en est étroit, allongé, à peine dilaté sous le limbe ; la couleur en est le blanc pur, avec une très légère teinte jaunâtre autour de l'orifice de la gorge, dans laquelle se montre une fine réticulation brunâtre. Le pollen y est d'un jaune très pâle, et le stigmate a plus du double en grosseur de celui du *P. violacea*. J'ajoute que, dans les deux espèces, le port est identique, et qu'en l'absence des fleurs il serait à peu près impossible de les distinguer l'une de l'autre.

Aucune des plantes sur lesquelles j'ai expérimenté n'était isolée. Celles qui ont servi aux premiers croisements effectués en 1854 faisaient partie des massifs du parterre du Muséum, où elles étaient entourées d'un grand nombre de plantes semblables en pleine floraison ; mais les individus obtenus de ces croisements ont été cultivés à part dans l'enclos de la rue Cuvier. La difficulté d'abriter les fleurs très nombreuses sur lesquelles j'opérais m'a obligé de recourir au moyen suivant pour contrôler mes expériences, et leur donner un degré de certitude suffisant. Voici en quoi a consisté ce moyen :

Du 29 juillet au 16 septembre 1854, vingt-deux fleurs de *Petunia violacea*, choisies sur différents pieds, ayant été castrées dans le bouton et laissées à découvert au milieu d'une plate-bande, où s'épanouissaient journellement des centaines de fleurs de leur espèce, ainsi que du *P. nyctaginiflora*, eurent leurs stigmates couverts de pollens qui n'avaient aucune chance d'amener la grossification des ovaires, ce que toutefois je voulais vérifier : c'étaient ceux du *Nierembergia filicaulis* et des *Nicotiana auriculata* et *angustifolia*. De ces vingt-deux fleurs, seize périrent dans les huit ou dix jours suivants ; les six autres nouèrent leurs ovaires et donnèrent en définitive des capsules, qu'au moment de la maturité, j'évaluai les unes à la grosseur normale, les autres au cinquième ou au quart de cette grosseur. Quelques-unes, toutes peut-être, contenaient de bonnes graines, car j'en obtins vingt-six plantes en 1855. Sur ce nombre, treize reproduisaient exactement le type du *P. violacea* ; trois autres n'en différaient que par la teinte plus claire de leur corolle seulement lilacée ; les dix restantes avaient les fleurs toutes blanches ou d'un carné presque blanc, à gorge violacée, à tube court et à pollen gris bleu. Il était évident par là que les six fleurs devenues fécondes en 1854 avaient reçu, en des proportions diverses, du pollen des deux espèces de *Petunia* qui fleurissaient dans leur voisinage, malgré la présence du pollen étranger dont leurs stigmates avaient été couverts.

Du 2 au 14 septembre de la même année, vingt-quatre fleurs de *P. nyctaginiflora* ont été castrées dans le bouton, et laissées sans fécondation artificielle et sans abri, au milieu de centaines d'autres fleurs de même espèce. Sur dix-huit de ces fleurs, les ovaires périrent au bout de quelques jours sans avoir pris le moindre accroissement ; sur les six autres, ils nouèrent et donnèrent des capsules, dont une seule atteignit à la taille ordinaire ; les autres s'arrêtèrent au quart, au cinquième, et même au dixième de cette taille. Toutes contenaient de bonnes graines, et j'en obtins, en 1855, un très grand nombre de plantes, dont vingt-cinq seulement furent conservées jusqu'à la floraison. Ces vingt-cinq plantes reproduisirent toutes le type pur et simple du *P. nyctaginiflora*.

Du 29 juillet au 18 septembre de la même année, soixante-quatre fleurs du même *P. nyctaginiflora*, placées dans les mêmes conditions que les précédentes, furent castrées dans le bouton, et reçurent des pollens d'espèces trop éloignées pour pouvoir les féconder : c'étaient ceux des *Nicotiana angustifolia*, *rustica*, *Langsdorffii*, *californica*, *auriculata* et *persica* ; des *Datura cerato-*

caula, *Tatula*, *Stramonium* et *fastuosa* ; de l'*Hyoscyamus niger* et du *Salpiglossis sinuata*. Sur ces soixante-quatre fleurs, quarante-huit périrent, sans qu'il y ait eu grossification des ovaires ; dans les dix-huit autres, c'est-à-dire un peu plus du quart, les ovaires se développèrent et donnèrent des capsules, dont six arrivèrent à peu près à la grosseur ordinaire, les autres s'arrêtant au huitième, au cinquième, au quart, à la moitié, etc. Du reste, comme dans les cas précédents, ces fruits incomplets contenaient de très bonnes graines, qui furent recueillies et semées par lots différents en 1855. Il en résulta trois cent quatre-vingt-quatre plantes, dont trois cent quatre-vingts n'étaient autre chose que le *P. nyctaginiflora* sans la moindre variation. Sur les quatre restantes, il y en avait une qui différait à peine du *P. violacea* pur ; les trois autres, à corolle rosée et à pollen gris, étaient manifestement, aussi bien que la précédente, des hybrides de ces deux espèces.

De ces divers essais, il me paraît permis de conclure : 1° Que, dans le genre *Petunia*, lorsque les plantes fleuries sont au voisinage les unes des autres, les fleurs castrées et non abritées ont une chance sur quatre d'être fécondées par du pollen de leur espèce apporté par le vent ou par les insectes ; 2° que cette fécondation accidentelle n'est pas sensiblement entravée par la présence d'un pollen étranger et inerte sur leur stigmate ; 3° que l'accroissement des ovaires fécondés et le nombre des graines qui s'y développent sont en proportion de la quantité de pollen qui a été déposée sur le stigmate, les fruits restant d'autant plus petits que la quantité de pollen reçue a été moindre, eu égard à ce qui était nécessaire pour vivifier la totalité des ovules ; 4° enfin que des hybrides naissent du croisement accidentel des deux espèces ci-dessus nommées, lorsqu'elles se trouvent à proximité l'une de l'autre.

Voici maintenant le résultat des hybridations qui ont été effectuées sur ces deux espèces dans les conditions que j'ai indiquées plus haut :

Deux fleurs de *P. nyctaginiflora*, ayant été castrées dans le bouton le 11 juillet 1854, sont fécondées le lendemain par le pollen du *P. violacea*. Les deux ovaires nouent et forment deux capsules de grosseur normale, dont les graines, recueillies à la maturité, sont semées le 17 avril 1855. Un très grand nombre de plantes lèvent, mais on n'en conserve que vingt-cinq pour continuer l'expérience. Au moment de la floraison, elles présentent l'aspect le plus uniforme. Dans toutes, les fleurs sont colorées, et varient du lilas au pourpre vif, moins intense cependant que dans le *P. violacea* pur. Pour la forme et la grandeur, les corolles paraissent sensiblement intermédiaires entre celles des deux espèces, et sur sept ou huit plantes on retrouve le pollen jaunâtre du *P. nyctaginiflora* ; dans toutes les autres il est gris ou gris bleu. A en juger au moins d'après l'apparence, l'influence du *P. violacea* sur ces hybrides est plus marquée que celle du *P. nyctaginiflora*.

Le 29 juillet de la même année, opération toute semblable. Deux fleurs de *P. nyctaginiflora* sont encore castrées et fécondées par le pollen du *P. violacea*. Il en résulte deux fruits de grosseur normale qui sont remplis de bonnes graines. Le semis effectué le 17 avril 1855 donna une multitude de plantes, dont, faute de place pour les transplanter, on ne put conserver que douze. Au moment de la floraison, onze de ces plantes ont les fleurs lilas pourpre, avec des variations d'intensité, sans arriver cependant à la nuance du *P. violacea* pur. Pour les dimensions et la forme, elles oscillent entre les deux types spécifiques ; toutes ont le pollen bleu ou gris bleu. Le douzième pied seul a les fleurs blanches, mais avec la gorge violacée et le pollen bleuâtre. Ici encore on ne peut méconnaître que c'est le *P. violacea* qui a pesé le plus fortement sur les hybrides.

En 1854, j'avais découvert dans les semis de Pétunias du Muséum une variété que j'eus tout lieu de supposer être un hybride des deux espèces. Les fleurs, tout à fait semblables pour la forme et la grandeur à celles du *P. violacea*, étaient d'un blanc légèrement rosé, avec la gorge violacée et le pollen gris bleu. Cette variété, que dorénavant je désignerai sous le nom d'*albo-rosea*, m'a servi à faire divers croisements dont je parlerai tout à l'heure. Mais, pour être sûr des résultats, il fallait constater si elle était véritablement hybride : le semis de ses graines était le seul moyen qui pût y conduire. Elles furent donc récoltées et semées en avril de l'année suivante ; quarante-sept pieds furent jugés un nombre suffisant pour faire cette constatation.

Au moment de la floraison, la petite plate-bande qui contient ces quarante-sept plantes présente l'aspect le plus bigarré. Pour la forme, toutes les fleurs rappellent celles du *P. violacea* ; mais quelques-unes, surtout les moins colorées, approchent, pour la grandeur, de celles du *P. nyctaginiflora* ; sauf une seule où le pollen est blanc grisâtre, toutes l'ont gris-bleu ou violacé. Pour le coloris, elles se partagent dans les catégories suivantes :

Dix pieds à fleurs d'un pourpre foncé, qu'on ne peut plus distinguer du *P. violacea* type.

Douze pieds à fleurs lilas ou pourpre clair, généralement plus grandes que celles du *P. violacea* pur, et déjà assez voisines, mais sous ce rapport seulement, du *P. nyctaginiflora*.

Quatre pieds à fleurs lilas très pâles, beaucoup plus grandes que celles du *P. violacea*, et même supérieures en cela à celles du *P. nyctaginiflora*.

Dix-neuf pieds à fleurs blanches ou très faiblement rosées, à gorge violacée, à pollen gris bleu, ou même bleu violacé. Le tube de la corolle est toujours évasé et relativement court comme dans le *P. violacea*.

Un pied à fleurs toutes blanches, à pollen blanc grisâtre, mais pas encore jaunâtre, sensiblement plus voisines du *P. nyctaginiflora* que du *P. violacea*.

Enfin un seul pied à fleurs petites, carnées, répétant presque identiquement le *P. violacea albo-rosea*, qui, en 1854, a fourni les graines de ce semis.

Ce premier essai ne permettait pas de conclure absolument la nature hybride du *P. violacea albo-rosea* ; aussi pensai-je qu'il convenait d'en observer encore une génération. Je choisis donc, pour en récolter des graines, les trois plantes du semis ci-dessus indiqué, qui reproduisaient le mieux la physionomie de la variété *albo-rosea*. Ces graines furent semées en mélange au mois d'avril 1856 ; cent seize plantes qui en naquirent présentèrent, lors de la floraison, l'aspect le plus varié. Par un relevé aussi exact que possible, je les classai de la manière suivante :

Douze individus qui répètent assez bien la variété *albo-rosea* de 1854 et 1855 ; ce sont à peu de chose près les mêmes tons carnés ou lilas clair, comme aussi la même forme de la corolle et la même teinte bleuâtre ou violacée du pollen.

Vingt-six individus à fleurs blanches, dont le tube de la corolle est étroit et le pollen jaunâtre. Plusieurs d'entre eux ne peuvent plus être distingués du *P. nyctaginiflora*, et les autres en diffèrent à peine.

Vingt-huit à corolle pourpre vif, campanulée, à pollen gris, gris bleu ou bleu violacé, qu'on ne peut plus ou presque plus distinguer du *P. violacea* pur.

Enfin cinquante autres individus qui ne rentrent bien dans aucune des trois catégories précédentes, et qui, par la forme et la grandeur des corolles, aussi bien que par leur coloris qui varie du blanc rosé au lilas pourpre et par la teinte grisâtre du pollen, semblent intermédiaires entre les deux types spécifiques, les uns étant plus voisins du *P. violacea*, les autres s'approchant davantage du *P. nyctaginiflora*.

En présence de ce résultat, il m'est impossible de ne pas regarder la variété *albo-rosea* comme un hybride ; mais de quel degré, c'est ce que je ne saurais dire. Ce qui est visible, c'est sa décomposition en variétés nouvelles qui s'acheminent vers les deux types producteurs, et dont un certain nombre y rentre complétement, à la première et à la deuxième génération. Il me paraît qu'ici encore l'empreinte du *P. violacea* est plus fortement marquée sur l'ensemble des hybrides que celle du *P. nyctaginiflora*.

On pourra alléguer contre ces conclusions que les plantes sur lesquelles les graines de ces deux semis ont été récoltées étaient, au moment de la floraison, à proximité d'un grand nombre d'individus également fleuris de *P. violacea* et de *P. nyctaginiflora*, et que n'ayant pas été séquestrées, elles ont pu en recevoir du pollen, qui a modifié la physionomie des plantes qui en provenaient. Le fait est sans doute possible, mais il est extrêmement peu probable, car ici les fleurs n'avaient pas été castrées ; et par cela même que les stigmates y recevaient en abondance le pollen de leurs propres étamines, ils devenaient moins aptes à se laisser imprégner par un pollen apporté d'ailleurs. Au surplus, ce pollen n'aurait contribué que pour une faible part à la fécondation des ovaires; car, quelque supposition qu'on fasse, il aurait toujours été en quantité incomparablement moindre que celui qui s'échappait des cinq anthères de chacune de ces fleurs.

Le 2 septembre 1854, deux fleurs de *P. nyctaginiflora* ayant été castrées dans le bouton sont fécondées par le pollen du *P. violacea albo-rosea*. Les deux ovaires nouent et deviennent des capsules de grosseur normale. Leurs graines, semées en 1855, donnent naissance à soixante-dix-neuf plantes. Sur ce nombre, soixante-dix-huit reproduisent à peu de chose près tous les traits de la variété hybride qui a fourni le pollen. Les corolles en sont uniformément blanches ou faiblement carnées, à tube court, évasé, presque campanulé, à gorge veinée de lilas. Le pollen est, dans toutes ces plantes, gris-bleu ou violacé. Un seul pied reproduit le *P. nyctaginiflora* dans son intégrité, avec sa corolle hypocratériforme toute blanche, et son pollen jaunâtre. Voilà donc une espèce bien définie qui est tenue en échec par un simple hybride, et qui, sur soixante-dix-neuf descendants, ne s'en assimile qu'un, les autres restant plus ou moins conformes à l'hybride. On dirait qu'ici toute l'énergie du *P. nyctaginiflora* s'est épuisée à empêcher le retour de la postérité de l'hybride au type du *P. violacea*.

Dans l'expérience suivante, la lutte semble s'égaliser entre les deux espèces. J'avais découvert dans les semis du Muséum un autre hybride de ces deux *Petunia*, très rapproché du *P. nyctaginiflora*, dont il avait les grandes corolles hypocratériformes et le pollen jaune; sa qualité d'hybride ne se trahissait que par la teinte lilas de ses corolles; mais elle ne fait pas l'ombre d'un doute pour moi qui ai produit artificiellement cette variété. Je crus qu'il pourrait y avoir de l'intérêt à croiser cet hybride, si voisin du *nyctaginiflora*, avec le premier, que nous savons être au contraire très rapproché du *P. violacea*. Pour éviter toute confusion, je désignerai par l'épithète de *lilacina* cet hybride à fleurs lilacées et à pollen jaunâtre.

Le 2 septembre (1854), quatre fleurs de *P. violacea albo-rosea* ayant été castrées sont fécondées par le pollen du *P. nyctaginiflora lilacina*. Les quatre ovaires se développent, et donnent un pareil nombre de capsules de grosseur normale. Leurs graines sont semées l'année suivante, mais le peu d'espace dont on dispose ne permet pas de conserver plus de quarante individus de ce semis. A l'époque de la floraison, ils se décomposent de la manière suivante :

Dix pieds à fleurs pourpres, mais d'un ton un peu moins prononcé que dans le *P. violacea* pur. Le pollen est gris bleu ou violacé ; la forme des corolles est presque ou tout à fait identique à ce qu'elle est dans le *P. violacea*. Au total, c'est à peine si ces dix plantes peuvent en être distinguées.

Cinq pieds reproduisent de même le type à peu près pur du *P. nyctaginiflora*, à corolles toutes blanches, non campanulées et à pollen jaunâtre.

Deux pieds ont les corolles lilacées comme la variété *lilacina* qui a servi de père ; mais sur l'un, le pollen est jaunâtre ; sur l'autre, il est gris ou légèrement bleu.

Dix-sept pieds ont les fleurs blanches du *P. nyctaginiflora*, mais avec des corolles à tube plus court, plus évasé et à gorge violette. Le pollen y est uniformément bleuâtre ou violacé.

Enfin six pieds à corolles petites, très campanulées, d'un rose clair, réticulées de violet, surtout dans la gorge, à pollen violacé, répétant en un mot, à très peu de chose près, la variété *albo-rosea*.

Le 30 août (même année), quatre fleurs du *P. violacea* pur sont fécondées, après castration, par le pollen de la variété hybride *albo-rosea*. Les quatre capsules, de grosseur normale, sont récoltées le 10 octobre, et leurs graines semées au mois d'avril suivant. Je ne conserve que vingt-cinq pieds issus du semis. A l'époque de la floraison, j'en trouve cinq qui rentrent complétement dans le type du *P. violacea* ; les vingt autres n'en diffèrent que par le coloris un peu moins intense de leurs fleurs, dont les dimensions sont aussi un peu plus fortes, et par le tube de la corolle un peu moins évasé. Dans toutes ces plantes, sans exception, le pollen est bleu ou bleu violacé.

Le même jour (30 août 1854), quatre autres fleurs du même *P. violacea*, préalablement castrées, sont fécondées par le pollen de la variété hybride *lilacina* à pollen jaune. Il en résulte quatre capsules, dont les graines sont semées l'année suivante. Vingt-cinq pieds de ce semis sont conservés jusqu'à la floraison. Sur ce nombre, deux plantes reproduisent assez exactement la variété *lilacina*, mais avec le pollen gris bleu. Les vingt-trois autres, tant par la forme de la corolle que par la nuance du coloris, se rapprochent davantage du *P. violacea ;* il en est même quelques-unes qu'on peut considérer comme n'en différant pas du tout. Ce résultat d'ailleurs était facile à prévoir, puisqu'ici, comme dans l'expérience précédente, la part afférente au *P. violacea*, dans le croisement, était beaucoup plus grande que celle du *P. nyctaginiflora*.

Dans la première quinzaine de septembre (même année), quatre fleurs de *P. nyctaginiflora* pur sont fécondées, après castration, par le pollen de la variété hybride *lilacina* à pollen jaunâtre, et très voisine, ainsi que nous le savons déjà, du *P. nyctaginiflora*. J'en obtiens quatre capsules d'une grosseur qui me paraît plus qu'ordinaire, et dont les graines sont semées l'année suivante. Il se produit cent vingt pieds, sur lesquels dix-neuf répètent très exactement la variété *lilacina* avec son pollen jaunâtre, et cent un qui ne diffèrent en rien du *P. nyctaginiflora* du type le plus pur ; résultat qui ne doit pas surprendre, puisque l'hybride qui a fourni le pollen tenait déjà beaucoup plus de cette dernière espèce que du *P. violacea*. Cependant le peu qui existait de ce dernier dans la constitution de l'hybride témoigne encore d'assez d'énergie pour s'imprimer sur près d'un sixième des individus issus du croisement ; ce fait ne contredit assurément pas ce que j'ai dit plus haut de la tendance du *P. violacea* à prédominer dans son alliance avec le *P. nyctaginiflora*.

Ce que je ferai remarquer encore, c'est que, dans plusieurs de ces expériences où une plante hybride s'est trouvée alliée à une autre d'espèce pure, un certain nombre de produits, véritables quarterons par le fait, rentrent brusquement et totalement dans l'une des deux espèces types. Or si la tendance à reprendre les vrais caractères spécifiques n'existait pas naturellement dans les hybrides, le quarteronnage ne ferait qu'affaiblir l'empreinte d'une des deux espèces, et ne l'anéantirait ni subitement, ni même complétement, quelque nombre de fois qu'il fût répété. Or c'est précisément le contraire qui arrive ; il suffit souvent d'un seul croisement de l'hybride avec l'une des deux espèces productrices, pour ramener totalement à cette dernière une partie notable de sa postérité. Je puis citer à l'appui l'observation suivante, qui date pareillement de l'année 1854.

Quatre fleurs de *Nicotiana angustifolia* ayant été castrées dans le bouton reçurent du pollen de *N. glauca*, espèce, comme on sait, presque arborescente et vivace, et qui est, par tout son habitus, comme par la forme et la couleur de ses fleurs, très éloignée de la première. Malgré le peu d'analogie apparente, l'expérience eut un plein succès. Les quatre ovaires grossirent et donnèrent des capsules ayant à peu de chose près la taille normale, et contenant quelques graines. Ces dernières furent semées en 1855 ; il en résulta onze plantes hybrides, participant des caractères du père et de la mère, mais cependant sensiblement plus rapprochées de cette dernière dont elles reproduisirent la taille et le port, quoique leurs feuilles rappelassent davantage celles du *N. glauca.* Une seule de ces plantes, mise en pleine terre (les autres étaient restées en pots), fleurit très abondamment. Les corolles, plus petites, mais de même forme que celles du *N. angustifolia*, étaient d'une couleur briquetée, dans laquelle on démêlait des tons jaunâtres. Toutes ces fleurs furent stériles par l'imperfection du pollen, dont les granules étaient vides ; mais elles devinrent très fertiles lorsque du pollen de *N. Tabacum* et de *N. persica* fut appliqué sur leurs stigmates. Je fécondai ainsi une quinzaine de fleurs, dont douze formèrent de très belles capsules, presque aussi grosses et aussi remplies de graines que si le sujet n'eût pas été hybride, et qu'il eût été fécondé par son propre pollen. Malheureusement, la floraison ayant été tardive, les froids survinrent avant la maturité des fruits qui furent récoltés encore verts, et après avoir été exposés à des gelées de 1 à 2 degrés au-dessous de zéro. Il en résulta que les graines périrent presque toutes ; elles furent néanmoins semées le 10 avril 1856. Contre mon attente, deux plantes levèrent

et devinrent florissantes ; mais elles ressemblaient tellement au
N. Tabacum, bien que, dans l'une des deux, le pétiole fût nette-
ment distinct du limbe comme dans le *N. angustifolia*, qu'il
n'était véritablement pas possible de les en séparer. Dans tous les
cas, ces hybrides, qui ont été très fertiles, n'avaient rien conservé
du *N. glauca* qui fût discernable à l'œil.

Je terminerai cette série de citations par la suivante. Le
21 août 1854, six fleurs de la Linaire commune (*Linaria vulgaris*), ayant été castrées dans le bouton, eurent leurs stigmates couverts, deux jours après, de pollen de la Linaire à fleurs pourpres
(*L. purpurea*) ; ces fleurs ne furent pas isolées, et quelques-unes
reçurent indubitablement, par l'intermédiaire des abeilles qui les
recherchent avec empressement, du pollen de leur espèce, ainsi
que nous en aurons la preuve tout à l'heure. L'opération fut sans
succès sur deux de ces fleurs, mais les quatre autres nouèrent
leurs ovaires et formèrent des capsules, dont trois atteignirent à
la grosseur normale. Elles furent récoltées le **25** septembre, et
leurs graines semées, les unes en novembre de la même année,
les autres au mois d'avril suivant, me donnèrent trente plantes
vigoureuses, qui furent repiquées dans une même plate-bande
au commencement de juin. Toutes fleurirent au mois d'août, et
c'est alors que le résultat de l'expérience put être connu. Vingt-
sept de ces plantes se trouvèrent n'être autre chose que la Linaire
commune à fleurs jaunes ; mais les trois autres se firent aisément
reconnaître pour hybrides à leurs fleurs de moitié plus petites,
d'un jaune très pâle, et rayées de violet. Autant qu'on en put
juger, elles étaient à peu près exactement intermédiaires entre
les deux espèces. La plupart de leurs fleurs furent stériles,
mais un certain nombre produisirent des capsules contenant des
graines qui parurent embryonnées ; cependant ces graines, récoltées à leur maturité et semées l'année suivante, ne levèrent
point, ce qui me fit concevoir des doutes sur leur bonne con-
formation. Néanmoins de nouvelles graines furent encore recueillies en 1856 ; mais ayant été oubliées une année entière,
elles ne furent semées qu'en avril 1858. Cette fois, elles levèrent
en si grand nombre, que je pus faire repiquer, dans une plate-

bande de l'enclos de la rue Cuvier, environ quatre cents jeunes plantes de ce semis, qui entrèrent toutes en floraison sur la fin de l'été.

La planche qu'elles occupaient offrit alors un curieux assemblage de teintes ; mais ce qui frappait dès l'abord, c'était la grande prédominance de la couleur et des formes de la Linaire commune. Un dénombrement, sinon exact, du moins très approché, de ces plantes me les a fait classer de la manière suivante :

1° Trente-six pieds à fleurs grandes, entièrement jaunes et longuement éperonnées, qu'on ne pouvait plus distinguer de celles du *L. vulgaris*. Non-seulement elles ne présentaient aucun vestige des stries violacées de l'hybride mère, mais chez quelques-unes les tons du coloris de la Linaire commune semblaient plus accusés qu'ils ne le sont d'ordinaire chez cette dernière, et cet effet se manifestait surtout par la teinte fortement orangée du palais de la fleur. Toutes ces plantes fructifièrent abondamment, et, sous ce rapport encore, elles ne différèrent en quoi que ce soit du type spécifique auquel elles faisaient retour.

2° Quarante-quatre pieds qui reproduisaient assez bien les premiers hybrides de 1855, comme on pouvait s'en assurer à l'aide d'un dessin colorié que M. Decaisne en avait fait faire par M. Riocreux. Les uns étaient ou paraissaient stériles ; les autres nouaient tous leurs ovaires et formaient des capsules de grosseur variable suivant les individus.

3° Vingt-deux pieds qui étaient manifestement plus voisins du *Linaria purpurea* que ne l'étaient les hybrides mères. Ils s'en rapprochaient par leurs fleurs sensiblement plus petites , leurs éperons plus courts, et surtout leur coloris qui contenait plus de violet et moins de jaune que celui de ces hybrides. L'aptitude à fructifier fut aussi très variable chez ces plantes.

4° Un pied unique qui est totalement retourné au type du *Linaria purpurea*. C'est le même port élancé de cette espèce, la même petitesse des corolles, et surtout la même teinte de pourpre violet sans aucun mélange de couleur jaune. Cette plante a produit beaucoup de graines qui ont été recueillies.

5° Environ trois cents pieds, c'est-à-dire le reste de la plantation, qui occupent tous les degrés intermédiaires entre les premiers hybrides et la Linaire commune, dans laquelle aucun ne rentre complétement, mais dont un grand nombre approche de très près. Sur ces trois cents individus, on n'en aurait peut-être pas trouvé deux qui se ressemblassent exactement. Quelques-uns avaient la fleur presque entièrement décolorée; chez d'autres, elle prenait une teinte rosée ou briquetée, presque uniforme; dans le plus grand nombre, au jaune qui dominait toujours, se joignaient des stries violettes plus ou moins prononcées, mais en général plus pâles que dans les hybrides de 1855. Les mêmes diversités s'y faisaient voir, quant à la faculté de produire des graines; les individus à fleurs décolorées furent le plus souvent stériles, mais presque tous les autres fructifièrent abondamment. En somme, cette nombreuse catégorie, qui conservait encore quelque chose de la livrée de l'hybride, tendait manifestement à s'en dégager pour reprendre les couleurs et la physionomie de la Linaire commune.

Voilà donc encore une postérité d'hybride dont un certain nombre d'individus retournent, et, dès la seconde génération, aux types spécifiques de leurs ascendants. On remarque toutefois que le partage est fort inégal. Y aurait-il ici, comme dans le cas des *Datura* cités plus haut, tendance d'un des deux types à évincer l'autre? Cette supposition serait admissible, si l'on ne tenait pas compte des conditions dans lesquelles l'expérience a été faite; mais il faut ici recourir à une autre explication. L'apparition de vingt-sept individus de l'espèce maternelle, dans le semis qui contenait les trois premiers hybrides, nous apprend que les fleurs qui, l'année précédente, avaient reçu du pollen de *L. purpurea* en avaient également reçu du *L. vulgaris*, et ce fait s'explique de lui-même, quand on a été témoin de l'empressement avec lequel les abeilles recherchent les fleurs de cette espèce. Or non-seulement ces vingt-sept pieds de Linaire commune avaient été conservés au voisinage des hybrides, mais un grand nombre d'autres croissaient à peu de distance dans le même enclos, où, d'autre part, il n'existait aucun individu de Linaire à fleurs pourpres. Il ne saurait donc y avoir le moindre doute que les trois plantes hybrides de 1855 et 1856 aient reçu beaucoup de pollen de la Linaire commune, et que de là soit venue la prédominance si sensible du type de cette espèce dans le semis de 1858. Le résultat eût été certainement tout autre sans ce voisinage, ou si la Linaire commune eût été remplacée par la Linaire à fleurs pourpres. Remarquons cependant que, malgré l'inégalité des conditions, cette dernière ne perd pas tous ses droits sur la postérité hybride, puisque plus d'une vingtaine d'individus tendent visiblement à lui revenir, et qu'il s'en trouve même un qui lui revient en totalité.

Il est certain que le croisement d'un hybride avec une des deux espèces dont il est issu active le retour de sa descendance à cette dernière ; mais il faut reconnaître aussi que, si cette descendance ne tendait pas déjà naturellement à y revenir, un premier croisement ne suffirait pas pour l'y ramener. Les nouveaux hybrides qui en résulteraient seraient par leur facies, aussi bien que par leur degré de parenté avec l'espèce deux fois employée, de véritables quarterons, c'est-à-dire qu'ils conserveraient encore un quart des traits de l'autre. Mais les faits témoignent du contraire ; et s'il existe effectivement des plantes quarteronnes chez lesquelles la ressemblance avec les deux types originaires est à peu près proportionnelle à la parenté qu'elles ont avec eux, il s'en trouve aussi un bon nombre d'autres qui, dès la deuxième génération, ont entièrement dépouillé les caractères de l'un de ces types, ou qui se rapprochent tellement de l'autre, que l'œil ne peut plus saisir de différences appréciables.

Il se peut sans doute qu'il y ait des exceptions à cette loi de retour, et que certains hybrides, à la fois très fertiles et très stables, tendent à faire souche d'espèce ; mais le fait est loin d'être prouvé. Plus nous observons les phénomènes d'hybridité, plus nous inclinons à croire que les espèces sont indissolublement liées à une fonction dans l'ensemble des choses, et que c'est le rôle même assigné à chacune d'elles qui en détermine la forme, la dimension et la durée. A ce point de vue, les hybrides, dont la forme est altérée, seraient des rouages inutiles et qui ne répondraient plus au besoin de la Nature ; aussi les fait-elle disparaître soit en leur ôtant le moyen de se perpétuer, soit en ramenant plus ou moins vite leur postérité aux types spécifiques dont ils sont descendus. N'oublions pas d'ailleurs que la question de l'hybridité touche de près à celle de l'espèce, et que tant qu'il existera des dissentiments au sujet de cette dernière, les phénomènes d'hybridité pourront être interprétés diversement. J'ajoute qu'à mes yeux la principale utilité scientifique de ces sortes de recherches sera de nous apprendre ce qu'il nous importe le plus de connaître dans nos systématisations, le point où commence l'espèce et celui où elle finit.

PARIS. — Imprimerie de L. MARTINET, rue Mignon, 2.

www.ingramcontent.com/pod-product-compliance
Lightning Source LLC
LaVergne TN
LVHW021806060726
842528LV00003B/1174